Hans-Martin Stoenner

Beginn, Wachstum und Grenze der Weltbevölkerung

Auswertung veröffentlichter Daten mittels eines neuen Modells

GRIN Verlag

Bibliografische Information der Deutschen Nationalbibliothek:

Die Deutsche Bibliothek verzeichnet diese Publikation in der Deutschen National-bibliografie; detaillierte bibliografische Daten sind im Internet über http://dnb.d-nb.de/ abrufbar.

Impressum:

Copyright © 2013 GRIN Verlag GmbH
Druck und Bindung: Books on Demand GmbH, Norderstedt Germany
ISBN: 978-3-656-41284-7

Dieses Buch bei GRIN:

http://www.grin.com/de/e-book/213023/beginn-wachstum-und-grenze-der-weltbe-voelkerung

Beginn, Wachstum und Grenze der Weltbevölkerung

Auswertung veröffentlichter Daten mittels neuen Modells

Hans-Martin Stönner

Contents/Inhaltsverzeichnis

0. Beginning, Growth and Limit of Worldpopulation (English Abstract)

1. Das Wachstum der Weltbevoelkerung. (Modellentwicklung)

2. Neues Modell fuer das Wachstum der Weltbevoelkerung (Weiterentwicklung)

3. Neuer Referenzpunkt fuer das neue Modell

4. Weltbevoelkerung nur auf Basis der Daten von 1804 bis 2011

5. Vorlaeufiger Schluss

- Literature/Literaturhinweise 1) bis 10) mit Kommentaren

- LINKS/Weitere Anwendungen der S-Kurven

0. English Abstract: Beginning, Growth and Limit of Worldpopulation

Based on the improved logistic function

$$dy/dt = k*(a+y)^\wedge p*(m-y)^\wedge q \dots\dots\dots (1)$$

$$\text{Point of Inflection: } yw = (m-a*q/p)/(1+q/p), \ tw = t(yw) \dots\dots\dots (2)$$

$$\text{optimized to } q=p \text{ and } p=3 \dots\dots\dots (3)$$

$$(1) \text{ and } (3) \text{ resulting in } dy/dt = k*((a+y)*(m-y))^\wedge 3 \dots\dots\dots (4)$$

in order to allow hyperbolic growth (instead of initially exponential growth: $dy/dt=k*y*(m-y)$, which is restricted to beings without thinking like microbes) worldpopulation growth is calculated by curve fitting using the Nelder-Mead method to minimize the Error Function Sum of $(tcalc-t)^\wedge 2$. In this publication "t" means time in years. - Equation (1 or 4) is integrated in the form $t(y) = to + f(y)$. This equation cannot be solved for $y(t)=yo + f(t)$, as integration of equation (4) results in:

$$t= to +rk*(6*(a+m)^\wedge-5*LN((a+y)/(m-y)) + 3*(a+m)^\wedge-4*(1/(m-y)-1/(a+y)) +1/2*(a+m)^\wedge-3*((m-y)^\wedge-2 -(a+y)^\wedge-2)) \dots\dots\dots (5)$$

Published figures for $y=worldpopulation/10^\wedge 9$ between 1804 and 2011: $y=1;2;3;4;5;6$ and 7 are used, to find the three parameters a, m, rk=1/k and the integration constant "to". Results are:

a = 0,0125092

to = 1993,04

rk = 292349

m = 10,9035

The parameter "a" is connected to the origin, the beginning of the modern homo sapiens: by setting y=0 the time of origin is calculated by this model as $t(0) = -721\ 180$ years before Christ. - The parameter "to" falls together with the inflection point "tw" = 1993; "yw" = (m-a)/2 = 5,445. - The parameter "m" is the model limit to which y can grow asymptotically. The limit "m" can be interpreted as the maximum population load the world can afford. This can be seen in the resulting diagram as follows:

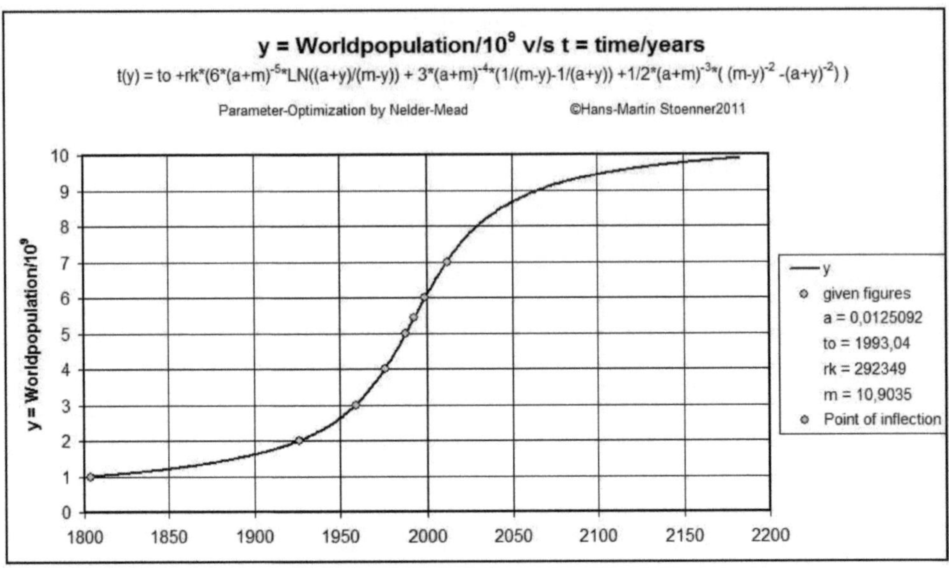

The following text is in German language. It deals with the development of the "evolutionary limited hyperbolic growth model" in chapters 1 to 3.

Chapter 4 deals with the data base from 1804 until 2011. However, title and legend of diagrams in chapter 4 are in English Language.
Further in Chapter 5 some conclusions and final remarks in German Language are given. In the light of new scientific findings (2012) about the origin of the modern human beings - see literature Nr. 9 - the results of chapter 4 calculated in 2011 seem partly to be proven.
And in Chapters 5.1 and 5.2 additional diagrams "Worldpopulation in Logarithmic Scale" and "Relativ versus absolute Growth of Worldpopulation" are shown. These diagrams again are in English Language.

________ End of Abstract ______

1. Das Wachstum der Weltbevoelkerung

Vorbemerkung: Das Wachstum der Weltbevoelkerung seit dem evolutionaeren Erscheinen des **Homo sapiens sapiens** vor schaetzungsweise 120.000 Jahren bis heute wird zur Ueberraschung der Demografen durch den Ansatz $dy/dt=(a+b*y^2)*(m-y)^2$ schon ziemlich genau wiedergegeben. Die Parameter a, b und m wurden durch eine Fehlerausgleichsrechnung an bekannte Weltbevoelkerungszahlen y zu verschiedenen Zeiten t angepasst, wie in folgendem Bild gezeigt.

Die Bedeutung der Parameter:

"a" steht fuer den Beginn, die *Evolution der Vormenschen, aber in der Folgezeit auch mit entsprechend geringerem Einfluss fuer die weitere Veraenderung des menschlichen Genoms [6]* ,
"b" ist der Faktor des *hyperbolischen [1], [4], [5] Wachstums y^2 des neuen Menschen "y"* , und
"m" stellt die *Grenze des Wachstums* dar, woraus folgt, dass "(m-y)" bei zunehmendem "y" der mit der Zeit "t" abnehmende freie Lebensraum ist. [2], [3] (Stand: 2000).

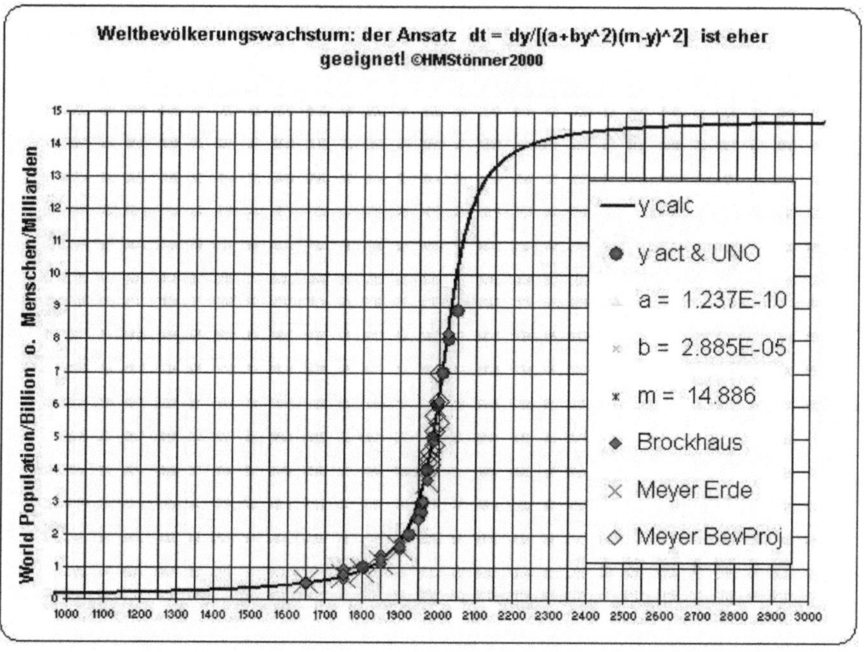

Wenn man diesen Modellansatz verallgemeinert, beispielsweise so, dass auch die Exponenten anpassbar werden: $dy/dt=(a+b*y^k)*(m-y)^p$, dann kann dieser nur numerisch geloest werden. Eine Parameteranpassung (a, b, m, k und p) fuer diesen verallgemeinerten Ansatz auf der Basis von neueren UN-Daten ergibt dann je nach der Gewichtung der zugrundeliegenden Bevoelkerungsdaten das folgende Bild. Dabei faellt auf, dass der Exponent des hyperbolischen Wachstums "k" groesser als 2 ist, und dass mit steigendem Wachstumsexponenten "k" die Grenze "m" sinkt. Waehrend bei Annahme des hyperbolischen Wachstums mit k=2 sich eine Grenze von knapp 14.9 Milliarden Menschen ergab, siehe voriges Bild, ergibt sich nun bei einem angepassten Wachstumsexponenten von k=2.6 eine Grenze von m=13.2 Milliarden, naechstes Bild. (Zum Vergleich sei noch auf das so genannte "exponentielle Wachstum" hingewiesen, welches durch den Exponenten k=1 charakterisiert ist; bei k=1 ergibt sich kein voraussagbarer Wert fuer "m". Da die Weltbevoelkerung sich eben nicht exponentiell sondern hyperbolisch veraendert, kann man ernst genommen nicht von einem "exponentiellen Wachstum der Weltbevoelkerung" sprechen. Allgemein ist das exponentielle Wachstum - ohne das Begrenzungsglied (m-y) - durch dy/dx = y^1 definiert und durch x=xo+LN(y/yo) oder y=yo*EXP(x-xo) dargestellt. Mit dem Begrenzungsglied (1-y) ergibt sich der so genannte "logistische Ansatz" dy/dx = y*(1-y), wobei m=1 gesetzt ist und y als "y"/"ymax" normiert. Dieser logistische Ansatz ergibt nach der Integration x=xo+LN((y/(1-y))*((1-yo)/yo)) bzw. nach der Delogarithmierung y/(1-y)=yo/(1-yo)*EXP(x-xo).) [8]

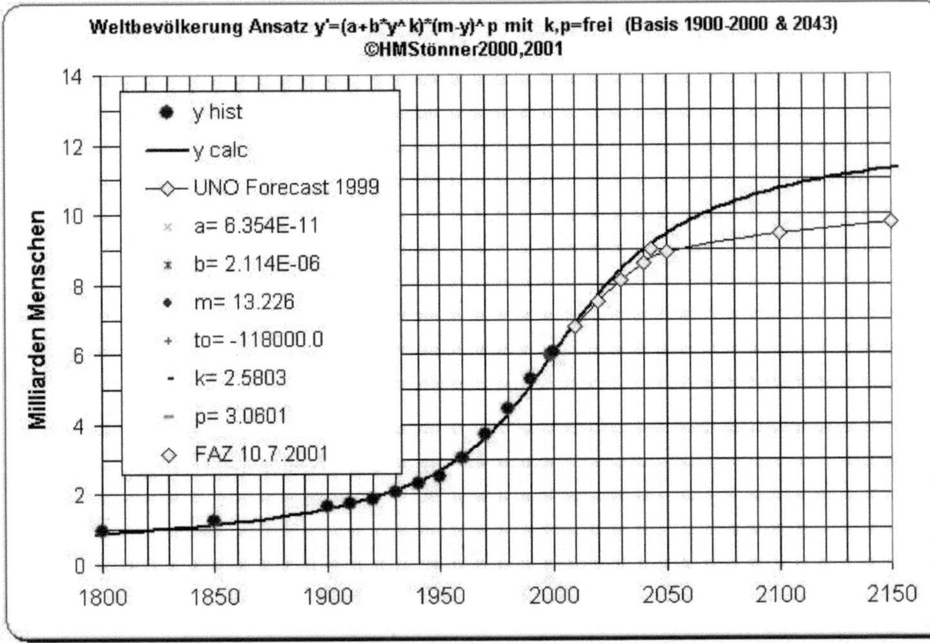

Der jaehrliche Zuwachs der Weltbevoelkerung, dy/dt=(a+b*y^k)*(m-y)^p, ueber der Zeitachse t aufgetragen, ergibt ein Maximum in den Jahren 1999 bis 2001, wie in folgendem

Bild zu sehen ist. Die Menschheit hat hier - nicht nur im mathematischen Sinn - einen Wendepunkt erlebt, dessen Folgen, bedingt durch ein merkliches Zusammenruecken der Weltbevoelkerung, in den kommenden Jahren immer deutlicher zu spueren sein werden. [2], [7]

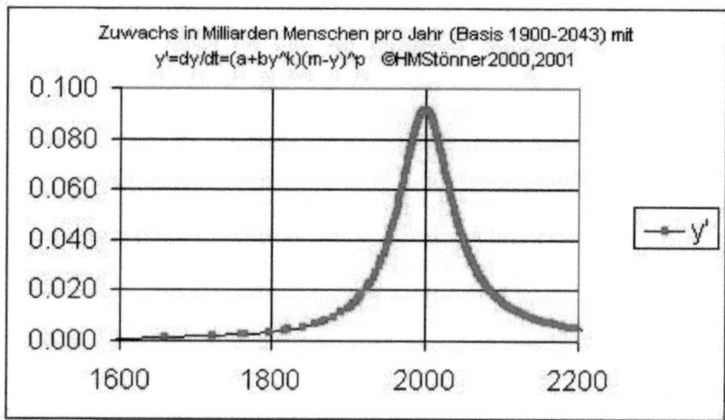

2. Neues Modell fuer das Wachstum der Weltbevoelkerung

Der jaehrliche Zuwachs der Weltbevoelkerung nach dem Modell $dy/dt=(a+b*y^k)*(m-y)^p$ war nur numerisch zu loesen. Auf der Suche nach einem integrierbaren Modell wurde dieses Modell veraendert. Zunaechst wurden die beiden Exponenten gleichgesetzt: $dy/dt=(a+b*y^p)*(m-y)^p$. Dieses Modell wurde numerisch integriert und die Parameteranpassung ergab einen neuen gemeinsamen Exponenten von p=2.96. Dieser wurde aufgerundet auf p=3.00. Zusaetzlich wurden a und b neu definiert und ein Wachstumskoeffizient k vor die erste Klammer gezogen. Dadurch haben wir jetzt ein neues Modell $dy/dt = k * [(a+y)*(m-y)]^3$ erhalten, welches sich noch relativ einfach integrieren laesst, so dass die numerische Integration vermieden werden kann. Verglichen mit dem allerersten Modell mit dem Exponenten 2 ergibt sich erwartungsgemaess auch eine bessere Anpassung der Kurve an die vorgegebenen Weltbevoelkerungszahlen. Das wird in den folgenden vier Grafiken gezeigt:

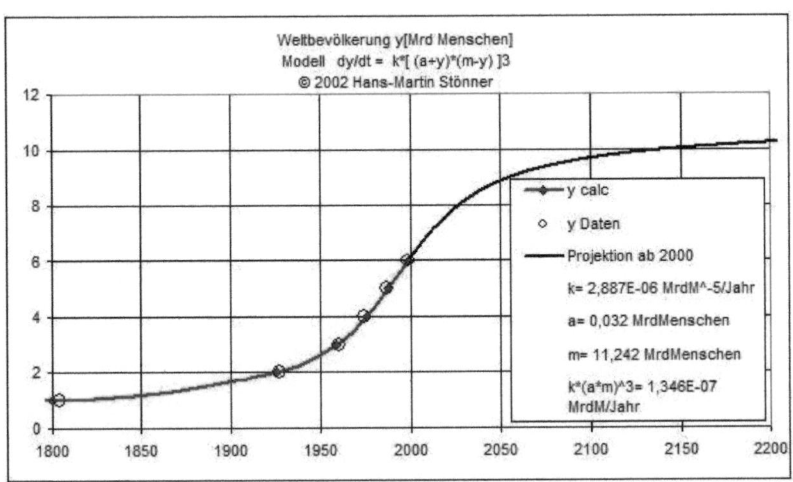

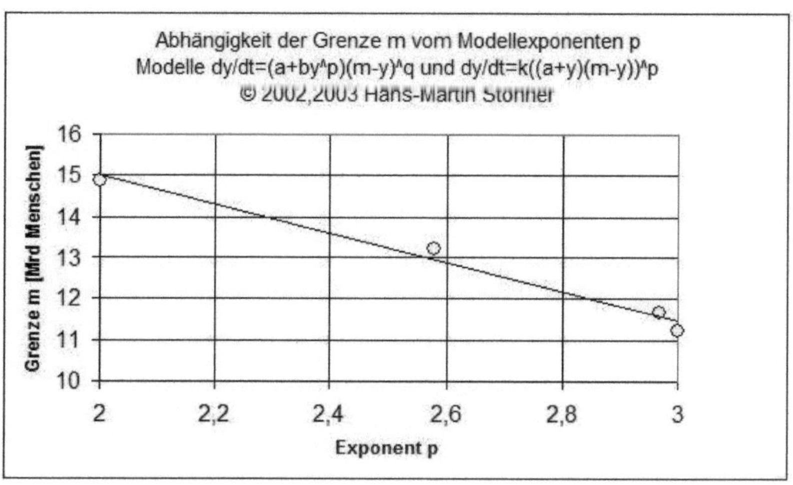

Wie man sieht, ergibt sich mit dem Exponenten p=3 auch ein niedrigerer Wert m fuer die Grenze des Weltbevoelkerungswachstums. Hiernach waere mit einem Grenzwert von etwa 11 Milliarden Menschen zu rechnen, der sich in ferner Zukunft einmal einstellen koennte, unter der Voraussetzung, dass sich die Wachstumsbedingungen und die Grenzbedingungen in den naechsten paar Jahrtausenden nicht wesentlich unterscheiden von denen in den vergangenen ersten 120.000 Jahren, in denen der Homo Sapiens Sapiens die Erde erforscht, erobert und bevoelkert hat.

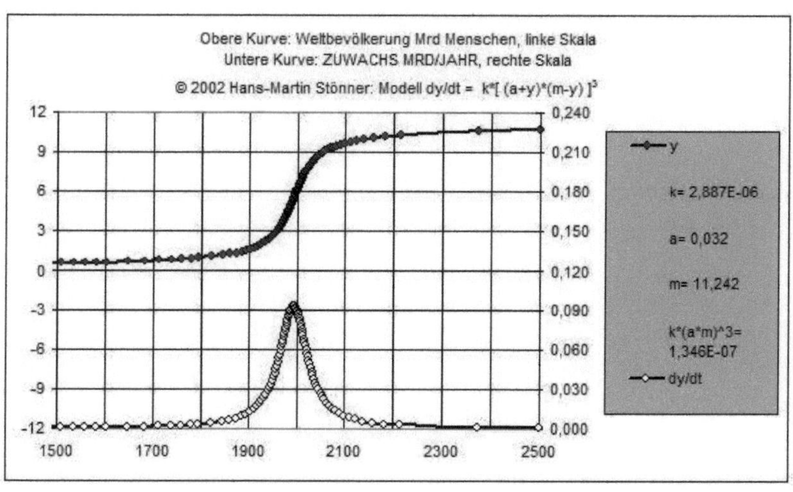

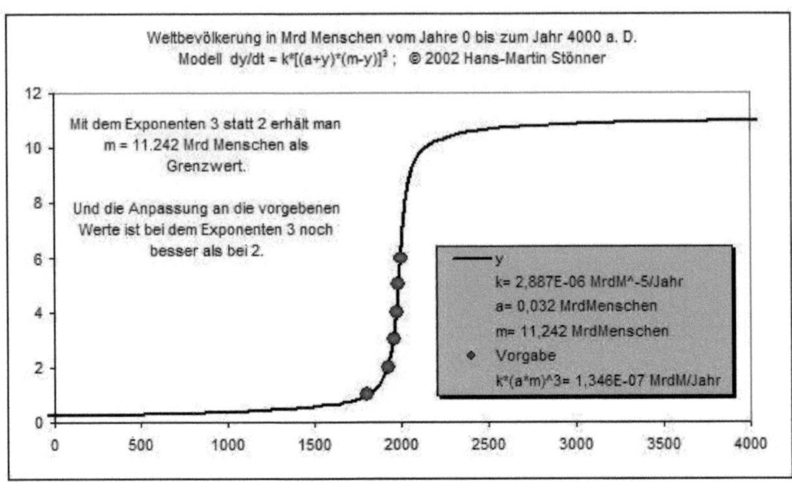

Weltbevölkerung in Mrd Menschen vom Jahre 0 bis zum Jahr 4000 a. D.
Modell dy/dt = k*[(a+y)*(m-y)]³ ;   © 2002 Hans-Martin Stönner
Mit dem Exponenten 3 statt 2 erhält man
m = 11.242 Mrd Menschen als
Grenzwert.
Und die Anpassung an die vorgebenen
Werte ist bei dem Exponenten 3 noch
besser als bei 2.
y
k= 2,887E-06 MrdM^-5/Jahr
a= 0,032 MrdMenschen
m= 11,242 MrdMenschen
Vorgabe
k*(a*m)^3= 1,346E-07 MrdM/Jahr

----

3. Neuer Referenzpunkt fuer das Wachstum der Weltbevoelkerung

Dieses vereinfachte und verbesserte Modell $dy/dt = k * [(a+y)*(m-y)]^3$ wird integriert zu $t = to + F(y)$. Dabei wird als neuer Referenzpunkt der "Wendepunkt" gewaehlt. Das hat den Vorteil, dass man keinen willkuerlichen Mess-Punkt waehlen muss, der ja mit Messfehlern behaftet sein kann. Ausserdem kann man bei Angabe von ganzen Jahreszahlen (ohne Tag und Monat) von einer Abweichung von etwa +/- 0,1 Milliarden Menschen ausgehen, da nicht angegeben ist, ob die Bevoelkerung am Anfang, in der Mitte oder am Ende des Jahres gelten soll. Ferner kommen noch die Ungenauigkeiten der Erhebung hinzu; viele Bevoelkerungsdaten sind einfach geschaetzt. Am Wendepunkt (to;yo) gilt, dass die Funktion $F(y) = 0$ ist, so dass $t = to + F(yo) = to$ ist. Und die Bevoelkerung am Wendepunkt ist $yo = (m-a)/2$. Die zugehoerige Zeit "to" wird nun den anzupassenden, zu suchenden Parametern hinzugefuegt. Dadurch kann ein Fehlerausgleich der vorliegenden veroeffentlichten Bevoelkerungsdaten erfolgen und man zwingt die Kurve nicht durch einen willkuerlich als Basis gewaehlten Messpunkt (wie zum Beispiel (1999;6)). Unter Hinzufuegung der inzwischen vorliegenden offiziellen Schaetzwerte fuer 2007 erhaelt man fuer den Wendepunkt folgenden realistischeren Wert: am 14. November 1994 um 00:07 lebten demnach 5 612 890 109 Menschen auf der Erde. Der jaehrliche Zuwachs weist am Wendepunkt ein Maximum auf. Er betraegt 94 660 550 Menschen pro Jahr, umgerechnet sind das 3 Menschen pro Sekunde mehr (Geburten abzueglich Sterbefaelle). Dies ist das Ergebnis einer mathematisch geglaetteten Kurve, die die tatsaechlichen Messwerte als Mittelwert gut repraesentiert. Bis zu diesem Wendepunkt hatte sich die Weltbevoelkerung nahezu hyperbolisch vermehrt. Seit dem Wendepunkt nimmt der jaehrliche Zuwachs allmaehlich wieder ab, dass heisst, der jaehrliche Anstieg der Weltbevoelkerung verlangsamt sich wieder, die Kruemmung der Kurve neigt sich in die entgegengesetzte Richtung, und die Kurve naehert sich in vielen hundert, ja tausenden von Jahren asymptotisch dem oberen Grenzwert von m = 11 257 509 784 Menschen. (Zurzeit leben wir aber immer noch in Naehe des Zuwachsgipfels). Mathematisch gemittelt koennte die Menschheit sich nach diesem Modell aus Sicht des Jahres 4100 wie folgt vermehrt haben:

Im Jahre 1804 lebten 1 * 10^9 Menschen
Im Jahre 1926 lebten 2
Im Jahre 1959 lebten 3
Im Jahre 1976 lebten 4
Im Jahre 1988 lebten 5
Im Jahre 1994 lebten 5,6 Wendepunkt
Im Jahre 1999 lebten 6
Im Jahre 2010 lebten 7
Im Jahre 2026 lebten 8
Im Jahre 2053 lebten 9
Im Jahre 2136 lebten 10
Im Jahre 4066 lebten 11 * 10^9 Menschen

In den folgenden beiden Grafiken ist dieser Verlauf als Kurve dargestellt, wobei die erste Grafik den Zeitraum von 600 Jahren (1700 bis 2300) umfasst, und die zweite Grafik den gesamten Zeitraum von vor ca. 120 000 Jahren bis in ca. 20 000 Jahren. In der ersteren Grafik ist zusaetzlich der Zuwachs in Milliarden Menschen pro Jahr gezeigt (siehe rechte Skala). Es sollte verwundern, wenn der abrupte Anstieg von 1 auf 10 Milliarden Menschen innerhalb von etwa 330 Jahren keinen Einfluss auf unsere Umwelt haette.

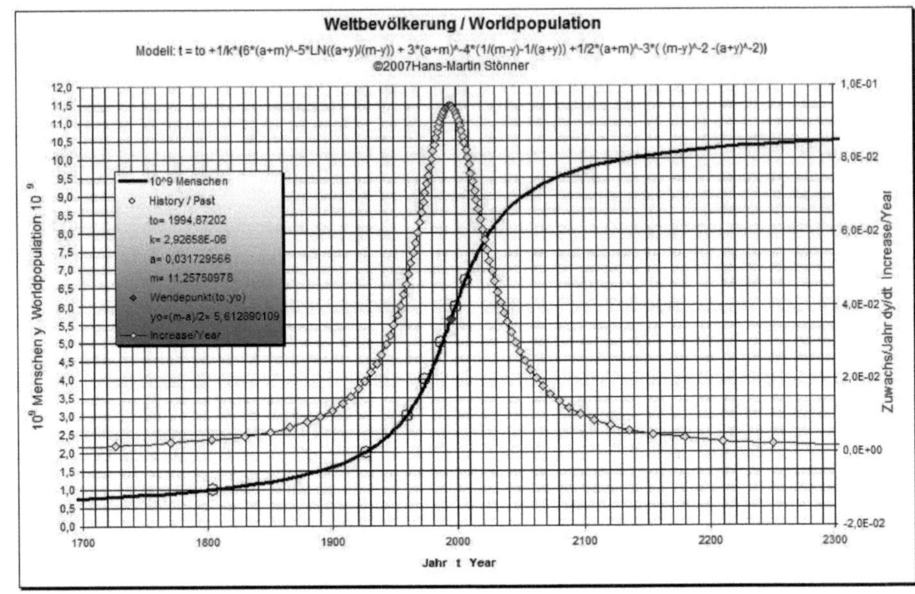

Weltbevölkerung / Worldpopulation
Modell: t = to +1/k*(6*(a+m)^-5*LN((a+y)/(m-y)) + 3*(a+m)^-4*(1/(m-y)-1/(a+y)) +1/2*(a+m)^-3*((m-y)^-2 -(a+y)^-2))
©2007Hans-Martin Stönner
10^9 Menschen y Worldpopulation 10^9
Zuwachs/Jahr dy/dt Increase/Year
10^9 Menschen
History / Past
to= 1994,87202
k= 2,92658E-06
a= 0,031729566
m= 11,25750978
Wendepunkt(to;yo)
yo=(m-a)/2= 5,612890109
Increase/Year
Jahr t Year

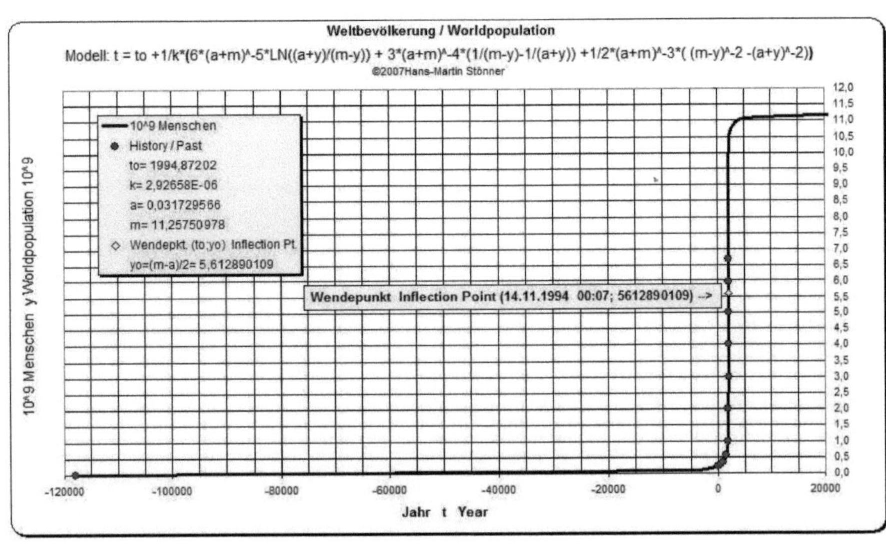

Weltbevölkerung / Worldpopulation
Modell: t = to +1/k*(6*(a+m)^-5*LN((a+y)/(m-y)) + 3*(a+m)^-4*(1/(m-y)-1/(a+y)) +1/2*(a+m)^-3*((m-y)^-2 -(a+y)^-2))
©2007Hans-Martin Stönner
10^9 Menschen y Worldpopulation 10^9
10^9 Menschen
History / Past
to= 1994,87202
k= 2,92658E-06
a= 0,031729566
m= 11,25750978
Wendepkt. (to;yo) Inflection Pt.
yo=(m-a)/2= 5,612890109
Wendepunkt Inflection Point (14.11.1994 00:07; 5612890109) -->
Jahr t Year

Wie man sieht, sind die Hauptparameter k, a und m in etwa gleich geblieben. Damit ist die obere Grenze des Wachstums auch unter Beruecksichtigung der veroeffentlichten Daten aus 2007 nicht von ihrem Wert knapp ueber 11 Milliarden abgewichen.

4. Weltbevoelkerung mit neuen Daten von 1804 bis 2011

Seit 2011 haben wir zwei Werte seit dem Wendepunkt 1993: 6 und 7*10^9 Menschen in den Jahren 1999 und 2011. Das erlaubt uns erstmals, die 3 Parameter a, k, m sowie die Integrationskonstante to ohne Annahmen fuer den Beginn (y=0) anzupassen. Bisher stuetzten wir uns auf den Beginn vor 120 000 Jahren. Inzwischen wurden Knochen des homo sapiens vor ueber 200 000 Jahren gefunden. Das gewaehlte Modell

$$dy/dt=k*((a+y)^\wedge p*(m-y))^\wedge q$$

mit dem Wendepunkt (yw;tw): yw=(m-a*q/p)/(1+q/p); tw=t(yw)

und den optimierten Exponenten q=p and p=3

resultierend in dem Ansatz: $dy/dt= k*((a+y)*(m-y))^\wedge 3$

integriert: t= to +rk*(6*(a+m)^-5*LN((a+y)/(m-y)) + 3*(a+m)^-4*(1/(m-y)-1/(a+y))
+1/2*(a+m)^-3*((m-y)^-2 -(a+y)^-2))

findet nunmehr einen optimalen Wert bei t(y=0) = -721180 Jahren. Dieser Wert entspricht einem Wert fuer "a" von 0,0125092. Er wurde gefunden auf der Basis von 7 Daten fuer 1, 2, 3, 4, 5, 6 und 7*10^9 Menschen aus der Zeit von 1804 bis 2011. Der Wert ist so gut oder so schlecht, wie diese 7 Daten, und er haengt vom gewaehlten Modell ab. Man sollte ihm keine tiefere Bedeutung beimessen, solange man keine Funde aus der Zeit zwischen -200 000 und -1 000 000 Jahren gefunden hat. Trotzdem mag es interessant sein, mit welchen Methoden der Wert ermittelt wurde. Die Parameter wurden diesmal mit der Nelder-Mead-Methode "Downhill-Simplex" angepasst. Der Wert fuer "a" wurde bei jeder Anpassung fest vorgegeben, wobei "k", "m" und die Integrationskonstante "to" mit Nelder-Mead rasch und genau ermittelt wurden. Durch Variation von "a" ergaben sich jeweils andere Fehlerquadrat-Summen FQS=f(a). Diese wurden ueber "a" in folgender Grafik dargestellt und daraus der Parameter "a" mit dem kleinsten Fehler FQS ermittelt.

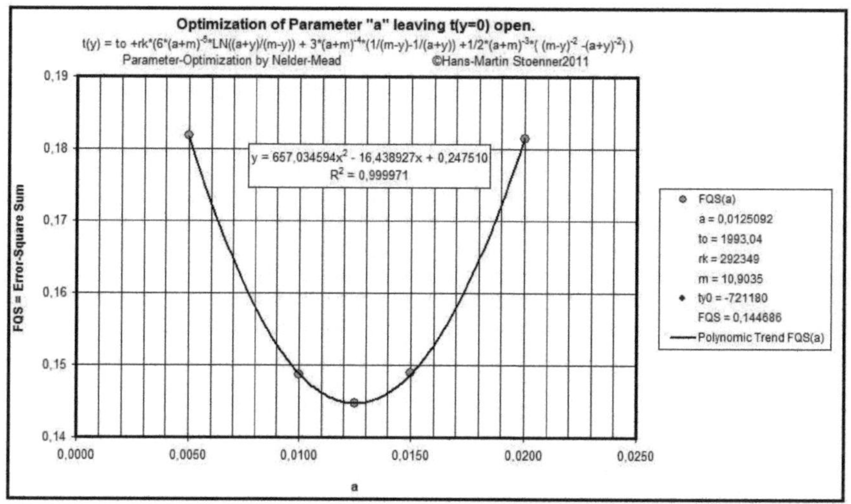

Mit den optimalen Parametern ergibt sich eine hervorragende Wiedergabegenauigkeit der veroeffentlichten Weltbevoelkerungszahlen zwischen 1 und 7 * 10^9 Menschen, wie in folgendem Bild dargestellt. Deshalb ist das gewaehlte Modell gut geeignet fuer die Interpolation der Weltbevoelkerung zwischen 1804 und 2011.

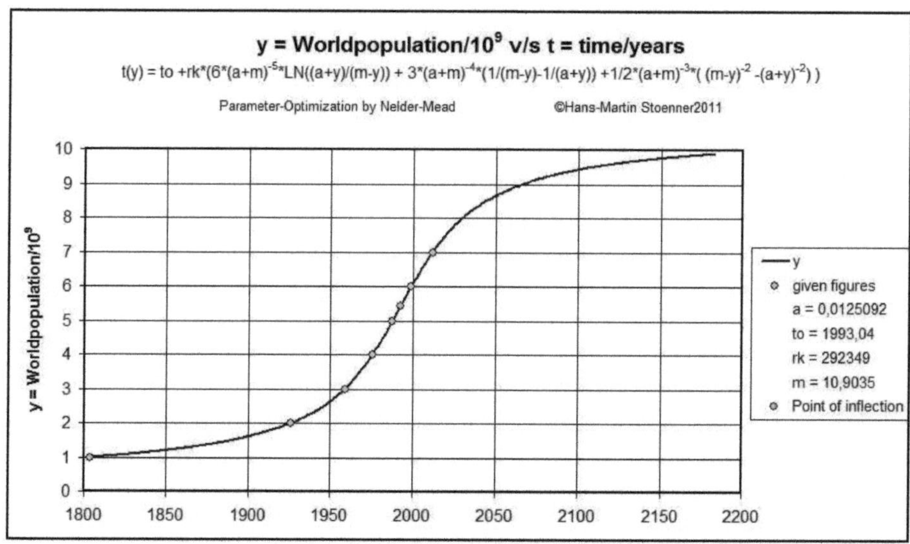

Die folgenden beiden Bilder zeigen jeweils den Verlauf von ca. 0,007 bis 0,25 *10^9 und von 0,25 bis 1 *10^9 Weltbevoelkerungs-Bestand, wie er sich aus dem erweiterten logistischen Modell dy/dt= k*((a+y)*(m-y))^3 ergibt. (Setzt man darin a=0 und den Exponenten = 1, dann erhaelt man das bekannte logistische Modell dy/dt=k*y*(m-y), oder mit m=1: dy/dt=k*y*(1-

y). Dieses einfache Modell kann man aber nur bei anfaenglich exponentiellem Wachstum anwenden. Der Bestand der Menschheit wuchs jedoch hyperbolisch, wie man in folgenden Bildern sieht, auch schon vor ueber 2000 Jahren, sowie im uebernaechsten Bild zwischen 1 und 1800. Die Kurve ist sich in diesem Bereich des hyperbolischen Wachstums vor dem Wendepunkt zwischen -700 000 und + 1 990 ueberall selbst-aehnlich, relativ gesehen, wie man leicht durch eine Lupe sehen koennte, d.h. durch eine jeweilige Maßstabsanpassung. In vielen volkswirtschaftlichen Betrachtungen wird das hyperbolische Wachstum, oft faelschlich als "exponentielles Wachstum" bezeichnet, auf die Zeit von 1750 bis 1950 beschraenkt, die Zeit der industriellen Revolution als Ursache des Wachstums. Das ist falsch: die Menschheit wuchs relativ zum jeweiligen Bestand immer hyperbolisch, also "ueberexponentiell", die Faehigkeiten des Menschen zu ueberleben und sich weiterzuentwickeln waren zu allen Zeiten vorhanden und er hatte 700 000 Jahre Zeit, die Erde zu besiedeln. Er kann also gar nicht durch ein lokales Ereignis zu irgendeinem Zeitpunkt "fast total ausgeloescht" worden sein. (Lit.10))

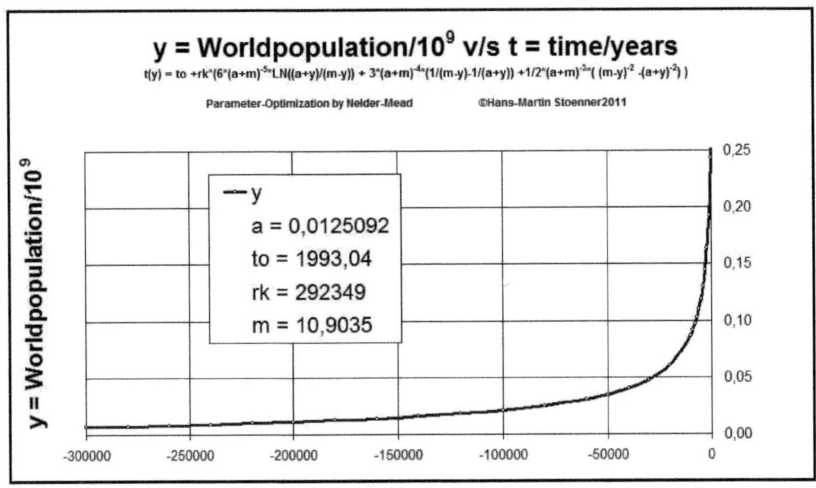

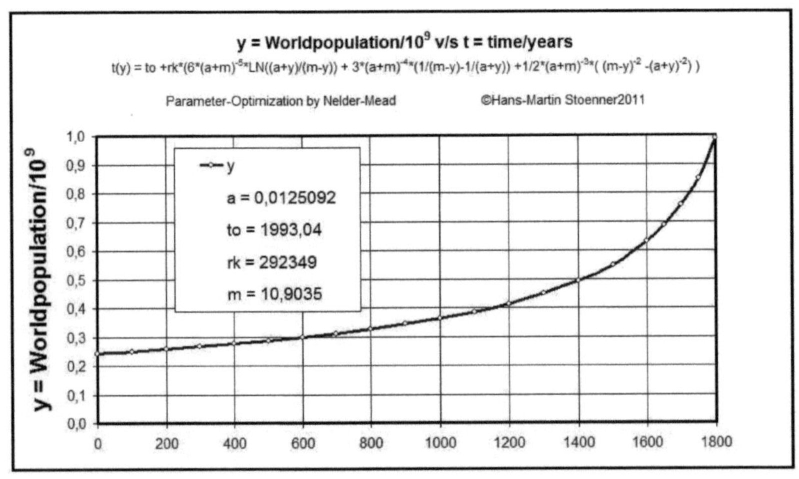

Die Parameter haben sich, abgesehen von "a", nur leicht veraendert. Der Wendepunkt liegt jetzt bei yw=5,445 und tw=1993,04. Die Tragfaehigkeit "m" der Erde wird modellgemaess bei

m = 10,9035 (statt 11,2575) errechnet. Die Parameter "rk" = 1/k sowie die Integrationskonstante "to" lauten:

rk = 292349; also k=1/rk=3,42057E-06 (statt 2,9266E-06)

to = 1993,04 (statt 1994,87)

Die staerkste Aenderung aber hat der Evolutions-Parameter "a" erfahren:

a = 0,0125092 (statt 0,03173): Der Evolutionsdruck betraegt nur noch 40% vom bisherigen Wert.

Von Interesse ist vielleicht noch die Abhaengigkeit des modellgemaessen Ursprungs t(y=0) vom Parameter "a", wie in folgendem Bild gezeigt:

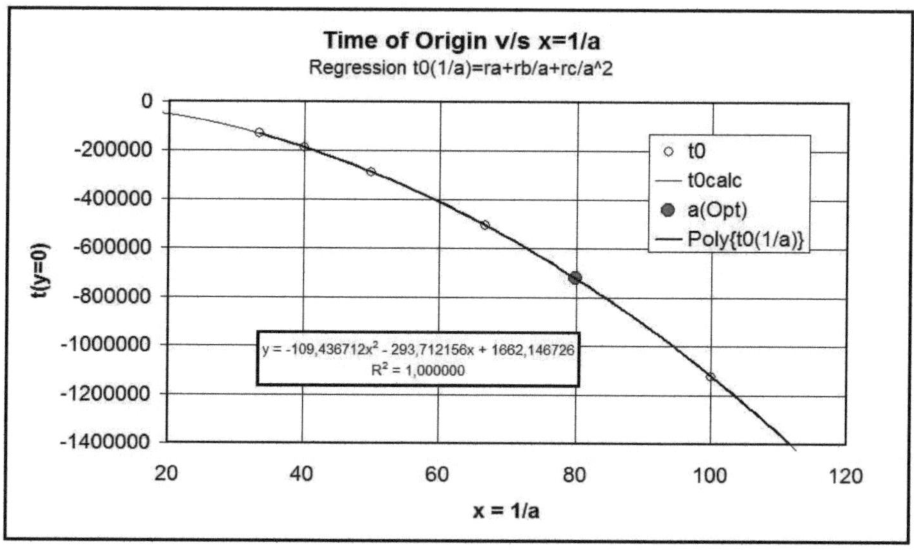

Der optimale Punkt mit dem geringsten Fehler ist bei a = 0,0125092 entsprechend x = 1/a = 79,9412 und t(y=0) = -721180 dick eingezeichnet. Die Zukunft wird vielleicht zeigen, ob diese modelleigenen Werte durch entsprechende Funde gestuetzt werden koennen.

5. Vorlaeufiger Schluss

Im September 2011, als die Weltbevoelkerung die Sieben-Milliarden-Marke ueberschritten hatte, haben wir gewagt, anhand der erweiterten logistischen Funktion fuer hyperbolisches Wachstum unter evolutionaeren Bedingungen die drei zugehoerigen Parameter k, a und m nebst einer Integrationskonstante to nur auf Basis von sieben Punkten (1 bis 7 Milliarden Menschen) zu berechnen, ohne irgendwelche Annahmen fuer den Beginn des modernen Menschen, des homo sapiens, zu treffen. Siehe Kapitel 4. Dabei kam heraus, dass der Evolutionsschritt vom Vormenschen zum modernen Menschen rechnerisch bei t(y=0) = -721180 gelegen haben koennte. Wenn man bei der Parameteroptimierung von "a" eine Ungenauigkeit zwischen 1% und 2% zulässt, dann liegt dieser Wert bereits in einem sehr grossen Bereich zwischen ca. t = -500.000 bis t = -1.100.000.

Der Kommentar lautete damals (2011) noch: "Die Zukunft wird vielleicht zeigen, ob diese modelleigenen Werte durch entsprechende Funde gestuetzt werden koennen."

Nur ein Jahr spaeter (im September 2012) berichtete die FAZ in Natur und Wissenschaft ueberraschend von neuen wissenschaftlichen Erkenntnissen (Lit. 9), aus denen hervorgeht, dass der homo sapiens bereits vor 400.000 bis 600.000 Jahren existiert haben koennte. Im Rahmen der genannten Genauigkeit überschneidet sich dieser Wertebereich teilweise mit dem Bereich, den das erweiterte logistische Modell "voraus" sagt.

Es waere gut, wenn diese Forschungsergebnisse in Zukunft noch durch weitere Quellen ergaenzt werden koennten.

Wenn diese Zahlen zutreffen sollten, dann waere endlich die unverstaendliche zeitliche Luecke zwischen den letzten Vormenschen und dem modernen Menschen ausgefuellt. Es war immer schon verwunderlich, dass man scheinbar ueber die verschiedenen, einige Millionen Jahre älteren Vormenschen mehr zu wissen schien als ueber den Beginn des modernen Menschen, des homo sapiens.

5.1 Alternative Darstellung der Weltbevoelkerung

Um sowohl niedrige als auch hohe Zahlen in einem einzigen Diagramm darstellen zu koennen bedienen wir uns eines Tricks: die Weltbevoelkerung y wird logarithmisch dargestellt, wobei die Zeitachse t linear bleibt. Das erlaubt es uns, sowohl einen einzigen Menschen als auch 11 Milliarden Menschen zu zeigen. Weiter kann man in einer solchen halb-logarithmischen Darstellung sehen, wie sehr der tatsächliche Verlauf vom exponentiellen Wachstum abweicht: ein echter exponentieller Zusammenhang waere in dieser halblogarithmischen Darstellung linear. Der relative zeitliche Zuwachs waere konstant. Oder anders ausgedrückt: die Verdopplungszeiten waeren ebenfalls konstant.

Hier folgt ein entsprechendes halb-logarithmisches Diagramm des mit dem "evolutionären limitiert-hyperbolischen Wachstums-Modell" auf Basis der 2011 ermittelten Parameter berechneten Kurvenverlaufs:

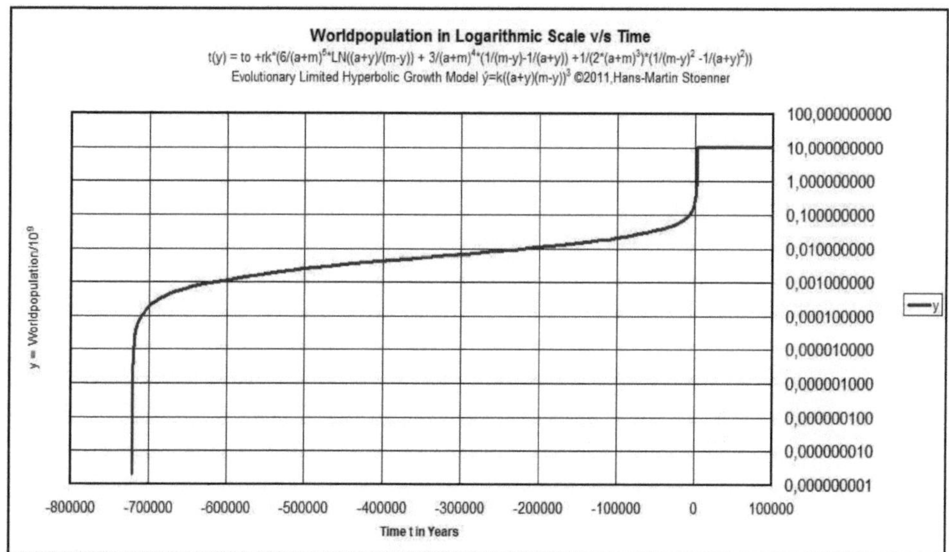

In der Anfangsphase haben wir es laut unserem gewaehlten Modell mit einem linearen Verlauf zu tun: setzt man naemlich fuer y sehr kleine Werte oder Null ein, ergibt sich eine Steigung dy/dt = ~k*a^3*m^3 = ~konstant. Das ergibt in halblogarithmischer Darstellung eine nach oben rechts gekruemmte Kurve.

In der Folgephase sehen wir einen nahezu linearen Verlauf, das bedeutet in einem logarithmischen Raster einen nahezu exponentiellen Anstieg ueber einen begrenzten Zeitraum hinweg.

Danach folgt ein nach oben gekruemmter Kurvenverlauf: hier ist offensichtlich ein ueberexponentieller oder besser hypberbolischer Zusammenhang zu erkennen, der bis zu einem Wendepunkt anhaelt.

Dann folgt eine Abschnitt, in dem die Saettigung einsetzt: diese Phase erscheint im logarithmischen Massstab sehr komprimiert und kann besser in einer linearen Darstellung verfolgt werden, so wie wir es in Kapitel 4 gemacht haben. Die lineare Darstellung hat dagegen den Nachteil, dass man die Anfangsphase nicht verfolgen kann, da sie mit der Nulllinie verschmilzt. Bei Annaeherung von "y" an den Saettigungswert "m" kann man die Steigung des Modells annaehernd mit $dy/dt = \sim k*(a+m)^3*m^3*(1-y/m)^3 = \sim konstant*(1-y/m)^3 = \sim 0$ abschaetzen. Das heisst, die Weltbevoelkerung wuerde modellgemaess nicht weiter zunehmen. Was dabei etwa im Jahre 2200 genau geschieht, kann niemand vorhersagen.

So wie wir die Menschen kennen, wuerde es sich um ein sehr "unruhiges Gleichgewicht" handeln, gekennzeichnet durch einen Kampf um die (letzten?) Ressourcen. Vermutlich werden nicht mehr so wie heute fast vierzig Prozent der Lebensmittel auf dem Muell landen. Ob es ueberhaupt dazu kommt, haengt davon ab, wie die Menschen die Energiefrage loesen. Da die Erde ein Ort abnehmender Entropie ist, solange die Sonne als einziger Energielieferant scheint, koennte ein Leben am Limit moeglich sein. Dazu muesste sich der Mensch in seinem sozialen Verhalten - auch gegenueber allen anderen Lebewesen - aber noch sehr wandeln.

5.2 Darstellung des relativen Wachstums der Weltbevoelkerung ueber dem absoluten Wachstum.

Das gewählte Modell des evolutionären limitiert-hyperbolischen Wachstums erlaubt auch eine interessante Darstellung des relativen Wachstums (dy/dt)/(a+y) über dem absoluten Wachstum dy/dt. Wir wählen hier als Bezug nicht y sondern (a+y), um erstens eine Division durch Null zu vermeiden und zweitens auch den anfangs großen Einfluss des Evolutionsparameters richtig zu berücksichtigen. Beide Wachstumsgrössen beginnen bei niedrigen Werten, wobei das relative Wachstum schneller steigt. Beide Größen durchlaufen je ein Maximum, um nach dem Wendepunkt allmählich wieder gegen Null zu streben, wie in folgendem Bild gezeigt:

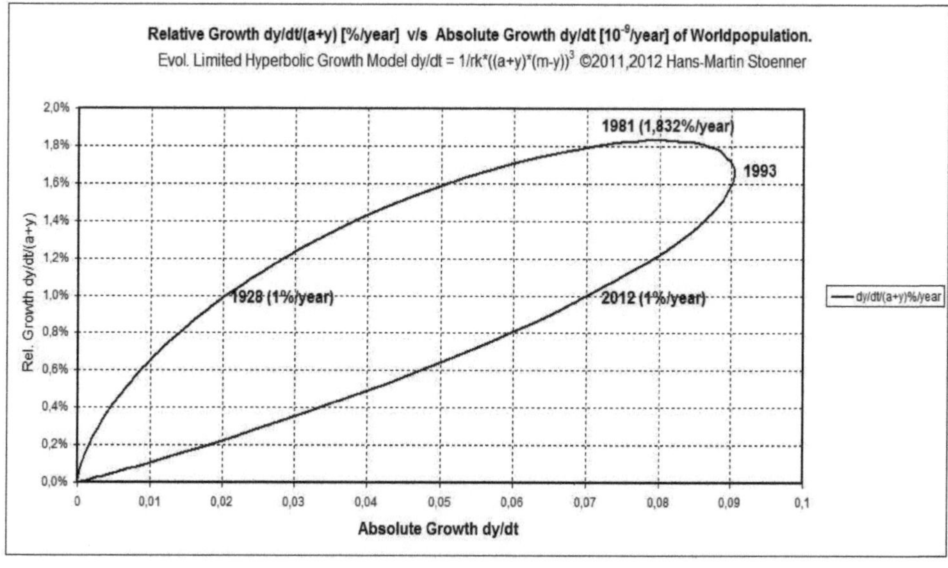

Das relative Wachstum hatte sein Maximum im Jahre 1981, in dem die Weltbevölkerung um 1,832% zunahm. Das absolute Wachstum hatte sein Maximum im Jahre 1993, also erst 12 Jahre später. Der Zuwachs betrug 90,4 Millionen Menschen pro Jahr, bezogen auf die inzwischen auf 5,445 Milliarden Menschen angestiegene Weltbevölkerung ergab das nur noch ein relatives Wachstum von 1,7%/Jahr.

Interessant ist noch, dass in den Jahren 1928 und 2012 das relative Wachstum bei etwa 1,0% berechnet wird; 1928 bei 2,03 Milliarden Menschen noch mit zunehmender, aber gegen 2012 (genauer im September 2011) bei 7 Milliarden Menschen mit abnehmender Tendenz.

Literaturhinweise: (mit Kommentaren des Autors)

1) Manfred Eigen, "Jenseits von Ideologien und Wunschdenken, Perspektiven der Wissenschaft", Serie Piper, Juni 1991.Seite 198, Abb. 10

2) W. W. Rostow, "The Great Population Spike and After", Reflexions on the 21st Century, Oxford University Press, 1998

3) T. W. Koerner, "Mathematisches Denken", Vom Vergnuegen am Umgang mit Zahlen, deutsch: Birkhaeuser Verlag, 1998 (Original: "The Pleasures of Counting", Cambridge University Press, 1996)

4) Heinz von Foerster, Patricia M. Mora, Lawrence W. Amiot, "Doomsday: Friday, 13 November, A.D. 2026", At this date human population will approach infinity if it grows as it has grown in the last two millenia. Science, Vol 132, 1960

5) FAZ, "Wachstum bis zum Kollaps. Kurzer Aufschub", FAZ, 22. Januar 1992, Nr. 18, Seite N3, Zitate: Heinz von Foerster et. al., Science (132. Jg, 1960), und Stuart Umblepy, "Population and Environment" (11. Jg., 1990). - 4) und 5) sind Dokumente fuer ein Denken vor dem Wendepunkt! - 1) nutzt ebenfalls einfaches hyperbolisches Wachstumsmodell fuer die Beschreibung der Vergangenheit, weist aber darauf hin, das es fuer die Zukunft unrealistisch und daher nicht extrapolierbar ist.

6) FAZ, 19.02.2008, S. 41 "Selektierter Mensch", Evolution praegt weiter unser Genom, Luis Quintana-Murci (Institut Pasteur Paris) et. al. Quelle: "Nature Genetics".

7) FAS, 30.03.2008, S. 52, Thomas Straubhaar (HWWI), "Warum ist es nicht schlimm, dass es immer mehr Menschen gibt?" - Zitate daraus: "Wenn die Zukunft nur einigermassen so verlaeuft wie die Vergangenheit, gibt es wenig Grund zur Angst." - Die Menschen mussten seit Jahrtausenden mit Knappheiten fertig werden und die Grenzen durch Innovationen erweitern: "Ja, sie haben nicht einmal eine Grenze fuer das Wachstum gesetzt." Kommentar: Dieser Satz gilt annaehernd fuer die Vergangenheit. Richtig ist, dass die Menschen - in der Vergangenheit wie in der Zukunft - stets mit den jeweiligen Grenzen des Bekannten zum Unbekannten kaempfen muessen. Die unbekannte "Grenze" wirkt bestaendig auf das Wachstum ein, zunaechst moderat, aber bei Annaeherung an sie immer staerker, bis ein "unruhiges" Gleichgewicht erreicht ist.

8) Pierre-Francois Verhulst, 1837, logistische Gleichung: $y(n+1)=k*y(n)*(1-y(n)/ymax)$. Daraus ableitbare logistische Funktion: $dy/dx=k*y*(1-y/ymax)$. - Die Gleichung $dy/dt=k*[(a+y)*(1-y/ymax)]^p$ stellt eine Verallgemeinerung der historischen logistischen Gleichung bzw. der logistischen Funktion dar. Setzt man $a=0$ und $p=1$, dann erkennt man, dass die logistische Funktion ein Grenzfall der verallgemeinerten Wachstumsfunktion ist. Setzt man in der logistischen Funktion $ymax=$unendlich, dann erkennt man, dass der logistische Ansatz in der Anfangsphase reines exponentielles Wachstum $dy/dt=k*y$ darstellt. Dieser Ansatz ist geeignet fuer alle Populationen, die in der Anfangsphase exponentiell wachsen, das heisst mit konstanten Verdopplungszeiten. Fuer Populationen, die anfangs anders als exponentiell wachsen, kann zum Beispiel die verallgemeinerte logistische Funktion verwendet werden.

9) F.A.Z., 26.09.2012, Natur und Wissenschaft, "Die Uhr der Evolution tickt nur halb so schnell...". Hildegard Kaulen berichtet ueber neue Forschungsergebnisse, wonach der homo sapiens schon vor 400.000 bis 600.000 Jahren vor Chr. existiert haben koennte. Quellen: "Nature", Bd. 489, S. 343, Ewen Callaway. - "Nature Reviews Genetics", Bd. 13, S. 745, Aylwyn Scally und Richard Durbin. Ewen Callaway weise darauf hin, dass neue Altersbestimmungen fossiler Funde sowie die Abschaetzungen der Genetiker mehr oder weniger gut uebereinstimmen. So seien die im spanischen Atapuerca gefundenen Knochen auf die Zeit vor 400.000 bis 600.000 datiert worden. Scally et. al. beschrieben, wie die neu ermittelte Anzahl der Mutationen im menschlichen Genom multipliziert mit einer mittleren Generationsdauer zu diesem Zeitraum des Beginns des "fruehen modernen Menschen" gefuehrt habe. Außerdem seien verschiedene Zeitpunkte ermittelt worden, zu denen sich andere Seitenzweige vom gemeinsamen Vorfahren abgespalten haben. Auch zu Vermischungen der verschiedenen Zweige sei es gekommen, so gehen beispielweise ein bis vier Prozent des menschlichen Genoms auf den Neanderthaler zurueck. (Siehe auch Literaturstelle Nummer 6: "Selektierter Mensch", Evolution praegt weiter unser Genom.)

10) Spektrum der Wissenschaft, Dezember 2010, Seite 58 ff, Curtis W. Marean, "Als die Menschen fast ausstarben". "Beinahe waere unsere Spezies gleich wieder ausgestorben. Vor mehr als 120 000 Jahren überstanden nur wenige moderne Menschen das damals anhaltend harte Klima Afrikas. Doch die Suedkueste des Kontinents bot durchgehend gute Lebensbedingungen - am Meer." - Dies wurde geschrieben, bevor die neuen Erkenntnisse 2012 (Lit.9) veroeffentlicht wurden: der moderne Mensch hatte sich danach schon vor ueber 400 000 bis 600 000 Jahren außerhalb Afrikas ausgebreitet. - Vielleicht waren die Lebensbedingungen aber fuer andere Land-Lebewesen so hart, dass viele von denen ausstarben? Nicht aber fuer den modernen Menschen, dessen geistige Faehigkeiten stets ein Ueberleben unter widrigen Umstaenden ermoeglichten.

Siehe auch "Weltbevoelkerung" (Wikipedia)

Siehe auch "Pierre-Francois Verhulst" (Wikipedia)
Siehe auch "Logistische Funktion" (Wikipedia)

Vergleiche auch mit "World POPclock Projection" von U.S. Census Bureau

Siehe auch "Wachstumsmodelle" PDF

Siehe auch Wachstumsphasen in "World Population in Logarithmic Scale" JPG

Siehe auch "Weltbevoelkerung: Veraenderung der Kennzahl "Kinder pro Frau" in den verschiedenen Wachstumsphasen" PDF

Weitere Links: Anwendungen von S-Kurven, z.B.: Steueroptimierung

Alternativ: Rechte Maustaste: Ziel speichern unter ... : Steueroptimierung PDF

Wachstum von Aktienkursen. Ver.04 PDF

World Economy and DJI / Weltwirtschaft und DJI. (Power Point Version 1997-2003) PPS